架空输电线路
带电作业图解

U0168830

# 导学篇

冯振波　郑孝干◎编著

## 带电作业 "特种兵" 之练好基本功

中国电力出版社

CHINA ELECTRIC POWER PRESS

## 内 容 提 要

本书总结了国网福州供电公司在输电带电作业中积累的经验，以带电"特种兵"的基本功训练和现场实战技法为主线，基于福州地区富有特色的五种典型输电线路带电作业项目，以图片、文字和视频结合的方式介绍了输电线路带电作业的项目管控、项目实施和作业技巧。主要内容有带电更换 220kV 输电线路直线绝缘子串（地面提升法）、220kV 输电线路直线绝缘子带电单串改双串（地面提升法）、带电更换 220kV 输电线路直线绝缘子串金具（自平衡法）、110kV 输电线路耐张绝缘子带电单串改双串（滑车组法）、带电处理 110kV 输电线路导线节点发热（地电位法）。

本书主要面向架空输电线路带电作业相关技术人员，读者可根据情况参考应用。

**图书在版编目（CIP）数据**

架空输电线路带电作业图解 / 冯振波，郑孝干编著 . —北京：中国电力出版社，2020.12

ISBN 978-7-5198-5021-0

Ⅰ.①架… Ⅱ.①冯… ②郑… Ⅲ.①架空线路—输电线路—带电作业—图解 Ⅳ.① TM726.3-64

中国版本图书馆 CIP 数据核字（2020）第 186287 号

出版发行：中国电力出版社
地　　址：北京市东城区北京站西街 19 号（邮政编码 100005）
网　　址：http://www.cepp.sgcc.com.cn
责任编辑：杨　卓（010-63412789）
责任校对：黄　蓓　郝军燕
装帧设计：北京宝蕾元科技发展有限责任公司
责任印制：吴　迪

印　　刷：三河市万龙印装有限公司
版　　次：2020 年 12 月第一版
印　　次：2020 年 12 月北京第一次印刷
开　　本：880 毫米 × 1230 毫米　32 开本
印　　张：2.875
字　　数：58 千字
印　　数：0001—1500 册
定　　价：108.00 元（全六册）

# 前言

随着电网的建设和发展，带电作业已成为输电设备测试、检修、改造的重要手段，在电力系统的安全可靠运行和效益提升方面发挥了十分重要的作用。我国的带电作业起步于 20 世纪 50 年代初，经过几代带电作业人的不懈努力，在带电作业理论研究、工器具研究开发、标准制定和安全管理等方面得到了良好发展。

国网福州供电公司自 1959 年成立输电带电作业班组以来，在摸索中创新、在实践中突破，已经走过起步发源、摸索试验、规范提升、积累沉淀和创新发展的不同历史阶段，在作业内容的多样化、作业工器具的轻巧化、作业项目的操作难度和广泛程度等方面取得了长足进步。

班组以劳模精神为引领，大力倡导工匠精神，不断加强人才队伍建设，培育输出了多名福建省五一劳动奖章获得者、福建省电力有限公司劳模及工匠和各类专家人才。并且在长期的工作中，班组形成了特色鲜明的创新文化，以"四大创新信条"和"三大创新支撑"指引创新工作，成效显著。班组依托承建的国家级技能大师工作室、国家电网有限公司劳模创新工作室和国网福建省电力有限公司输电带电作业工作室，目前已开展四十多项科技创新项目，获得国家知识产权局授权专利 90 项，在专业期刊杂志上发表论文 9 篇。还获得了"国际发明展金奖"及其他科技奖项 12

项，"福建省百万职工'五小'创新大赛一等奖"及其他省部级奖励5项，"福建省电力有限公司科技进步奖"及其他地市级或行业奖励20余项。大批高技能人才的培养和创新成果的应用为福州输电带电作业跨越式发展奠定了坚实的基础。早在1989年班组就组织开展220kV输电线路带电更换铁塔，2000年就首次开展了输电线路导线带负荷切断重接、耐张线夹带负荷更换等大型复杂的带电作业项目。

本书总结了国网福州供电公司在输电带电作业中积累的经验，以带电作业"特种兵"的基本功训练和现场实战技法为主线，基于福州地区富有特色的五种典型输电线路带电作业项目，以图片、文字和视频结合的方式介绍了输电线路带电作业的项目管控、项目实施和作业技巧，读者可根据情况参考应用。

本书编写过程中，得到了各方面的大力支持。国网福建省电力有限公司林力辉、蔡金林、吴晓杰、张世炼、王启强、廖成师、董剑峰、曾小平、吴能锦、陈兴宝、陈国信、陈言团、吴健仁、陈永红、曾旺、林财德、蔡江河、康启程、曹祖鹰、廖肇葵、许金应、张锦锋、杨毅豪、杨毅航、陈炜等在编写过程中多次参与审稿与技术研讨；林信恩、陈文彬、卓晗、刘行洲、张良发、林华育、郑永健、赵新丰等参与素材的拍摄，为本书的出版提供了很大的帮助。在此，谨向上述有关同志表示感谢。

由于作者水平所限，加之时间仓促，书中定有错误和不妥之处，敬请广大读者批评指正。

作者

2020年8月

# 目录
# Contents

主要内容

银线卫士

勤学苦练

严阵以待

事预则立

精准高效

# 第一章
## 银线卫士——带电"特种兵"

### 第一节　带电作业"特种兵"的由来

严寒或酷暑时节，大多数人都会选择躲在室内享受空调带来的温暖和清凉。殊不知，有这样一群人，为了保障社会生产生活用电，他们顶着寒风烈日、冒着严寒酷暑穿梭在崇山峻岭中，在几十米高的铁塔顶端、在几十万伏的高压线上，穿着密不透风的屏蔽服，伴随着"啪、啪"的放电声进行带电作业。由于其工作自身具有高危险性，作业技能要求特殊，他们被同事们称为带电作业"特种兵"。

勇闯高空战场

高空双人舞

会当凌绝顶

凌空走天梯

## 第二节　带电作业"特种兵"的四大基础条件

### 一、部队特种兵的四项基本素质

特种兵是异于一般士兵的超级兵种，对于大多数人而言，特种兵的形象是十分高大上的，那么你知道作为一名特种兵至少要具备哪些条件吗？综合分析得出一个结论，作为特种兵必备四项基本素质，少了哪一项都难以成为优秀的特种兵战士。

强悍的体魄

（1）强悍的身体素质。身为一名特种兵战士，首先需要具备的就是强悍的身体，由于特种兵战士们往往都是需要执行最困难、最危险的任务，如果身体一般，那么一旦遇到危险情况，连自身的生命安全都会受到严重威胁。

过硬的心理素质

（2）过硬的心理素质。在执行任务的过程中，即便是训练有素的特种兵战士也会遇到意想不到的情况，如果这个时候慌了手脚，那么则会功亏一篑。因此作为一名特种兵战士，平时的心理素质训练是必不可少的！

一切服从指挥

（3）绝对服从命令的军人素质。在部队中，军人唯一要听的指令就是上级指令，有句不恰当的比喻，就算是上级让你上刀山、下火海，你也要眼睛眨都不眨地去无条件执行，当然了这只是比喻，但特别强调的是特种兵再"牛"也必须要服从指挥，不能独断专行。

扎实的基本功

（4）扎实的基本战斗技能。特种部队成员往往在敌人心脏地带进行时间紧迫、风险高的作战，面临着常人难以想象的军事和心理压力，没有扎实的基本战斗技能做保障，关键时刻就可能造成偏差，难以顺利完成作战任务。

## 二、带电作业"特种兵"的四项核心素质要求

与特种部队的基本素质相比，在高危领域从事特殊任务的带电作业"特种兵"同样需要具备四项核心素质要求。

（1）强悍的身体素质。输电线路带电作业经常需要翻山越岭在荒郊野外开展工作，攀爬几十米高的铁塔、绝缘软梯更是家常便饭，没有强悍的身体素质根本无法胜任工作，甚至造成意外。

攀爬绝缘软梯进入强电场

（2）过硬的心理素质。在开展带电作业过程中，作业人员时刻身处高空、高压、强电场的高危环境中，各种意想不到的突发状况随时可能出现，没有过硬的心理素质作保障，慌乱中就会产生危险。

在数十米高的铁塔上带电修补引流线

（3）绝对的规则意识。带电作业过程中所需要遵循的规则（规程）都是在前人的经验教训基础上总结建立起来的，稍有疏忽就可能酿成大祸。因此必须深入了解规则（规程）、严格遵守规则（规程），服从指挥。

带电特种兵准军事化管理

（4）扎实的技能储备。平时多流汗、战时少流血，只有平时注重专业知识的积累和基本功的训练，不断提升业务素养，在实战作业过程中才能做到标准规范、万无一失。

热火朝天开展基本功训练

## 第三节　带电作业"特种兵"四项作战规范

一个优秀的特种兵需要做到平时勤学苦练打好基础、战前精心谋划充分准备、胸中常备预案临危不乱、战时协同一致高效执行，才能做到战之即胜，出色完成任务。

输电线路上，带电作业"特种兵"一样需要知识技能储备到位、作业准备工作到位、作业风险预控到位、作业规范执行到位四项作战规范，才能做到安全高效完成带电作业任务。战场与现场对比如图 0-1 所示。

图 0-1　战场与现场对比

# 第二章
## 勤学苦练——知识技能储备到位

## 第一节　带电作业"特种兵"能力与成长

### 一、带电作业特种兵能力素质模型

输电线路带电作业项目类型众多、作业场景五花八门，但是万变不离其宗，都是在基础知识指导下，在基本技能组合基础上，通过不断打磨实操技能实现的。带电作业基础知识技能框架如图0-2所示。

输电线路基础知识　带电作业专业知识　实操技能　工器具基础知识　基本作业原理方法

图0-2　带电作业基础知识技能框架

有了知识和方法，再加上勤学苦练我就可以做很多事情了。
带电处理设备线夹发热
带电更换绝缘子
带电修补导线
……

新员工

我好想快速成长为一名合格的带电作业"特种兵"，到底我该学什么、学到什么程度呢？

如图0-3所示，这份带电作业技能晋级路径图明确细化了带电作业特种兵的操作技能项目和等级要求，可以仔细研究一下，照着定个学习计划。

老师傅

**五星兵王**

| 一星特种兵 | 二星特种兵 | 三星特种兵 | 四星特种兵 | 五星兵王 |
|---|---|---|---|---|
| I | II | III | IV | V |
| • 软梯法进出现场；<br>• 绝缘平梯法进电场；<br>• 输电带电作业工器具识别及选用；<br>• 输电线路带电检测绝缘子；<br>…… | • 110kV 输电设备带电清除导地线异物；<br>• 110kV 等电位处理耐张引流板线夹发热；<br>• 110kV 等电位更换或调整防震锤；<br>• 110kV 直线杆塔等电位更换或调整金具；<br>…… | • 110kV 线路绳索法带电更换直线绝缘子串；<br>• 110kV 线路丝杆法带电更换直线绝缘子串；<br>• 220kV 线路绳索法带电更换直线绝缘子串；<br>• 220kV 线路丝杆法带电更换直线绝缘子串；<br>…… | • 110kV 线路耐张单串绝缘子更换（地电位）；<br>• 110kV 线路耐张双串绝缘子更换（地电位）；<br>• 220kV 线路耐张双串绝缘子更换（等电位）（软梯法等电位）；<br>• 110kV 线路带电断接引线（平梯法）；<br>…… | • 220kV 线路带电断接引线施工方案编写；<br>• 变电站节点发热带电处理施工方案编写；<br>• 变电站带电断接引线施工方案编写；<br>• 220kV 线路直线杆塔绝缘子单串改双串；<br>…… |

**菜鸟新兵**

逐项考核　逐级认证

图 0-3　带电作业技能晋级路径图

## 二、千锤百炼方成特种兵

我们都知道，训练场上的无数次摸爬滚打方能造就百战百胜的特种兵，作为带电作业"特种兵"在需要勤学技能、苦练绝活的同时，也需要一些外界条件帮助他们快速成长，为守护电网大动脉做好充分的能力储备。带电作业"特种兵"成长条件如图 0-4 所示。

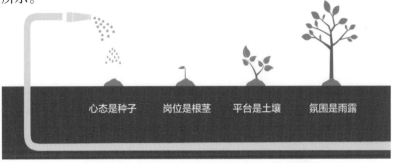

心态是种子　岗位是根茎　平台是土壤　氛围是雨露

图 0-4　带电作业"特种兵"成长条件

### 1. 心态是种子：一分耕耘一分收获

面对高山、高空、高电压这些恶劣而且危险的工作环境，每个人都有自我放弃、直面挑战、得过且过的选择，而成功会属于选择直面挑战的特种兵。

### 2. 岗位是根茎：艰苦岗位倒逼我们成长

只有在训练场挥洒汗水、强化训练重点项目、重点关注实操细节，才可以快速成长，才能更安全、更高效的工作。

### 3. 平台是土壤：依托平台支撑作用建功立业

依托劳模创新工作室激发员工学习创新热情，融入班组建功平台共成长，投身先锋模范组织挥洒汗水，为员工提供成长成才的环境与平台，激励员工多维度、深层次成长。

### 4. 氛围是雨露：发挥榜样引领作用共同进步

古人说"见贤思齐"，今人说"榜样的力量是无穷的"，老兵与新兵应做到面对面带头表率、手把手亲情帮带、肩并肩团队协作，让先锋模范带领员工共同成长。

## 第二节　创新驱动打造带电工匠

### 一、有效推动开展创新活动

#### 1. 建立创新阵地，搭建支撑体系——激发创新活力

通过建设一体化创新阵地、利用团队创新模式、"三库一表"（现场问题库、金点子库、储备项目库和创新成果反馈表）等三大创新支撑，有效收集员工创新"金点子"，不放跑任何一丝灵感，并定期回顾，不断优化、提升。"金点子库"中的"碎片记忆"一点点变成创新工具投入使用，带电特种兵的技能也在潜移默化中不断提升。班组创新三大支撑体系如图 0-5 所示。

图 0-5　班组创新三大支撑体系

班组一体化创新实训基地外景

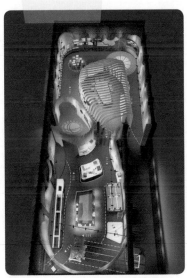

班组一体化创新实训基地内景俯瞰图

## 2. 问题就是课题，难题就是效益——提升问题解决能力

服务生产才能释放创新能量，问题"从现场来"、成果"回现场去"，秉承"知识要转化为能力，能力要转化为成果，成果要转化为效益"的原则，立足于创新成果的管用、好用、通用，达成解决现场问题的目标。

### 创新小案例（一）
### 输电线路导线带电重接新型作业法

输电线路导线需要剪断重接作业，以往只能将线路停电后把导线放至地面进行操作，不仅工程量大，而且还影响生产生活用电。国网福州供电公司输电带电作业班通过技术创新，研究了新型作业法和成套工具。此次创新是国内第一次在输电线路带负荷运行的情况下，将导线剪断并重新压接，恢复其机械和电气强度，在提高输电线路供电可靠性方面具有积极而深远的意义。导线空中带电开断重接如图0-6所示。

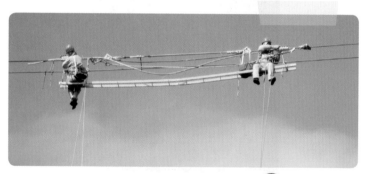

图0-6　导线空中带电开断重接

## 创新小案例（二）
### 输电线路压缩型耐张线夹带电更换新型作业法

输电线路压缩型耐张线夹因发热等原因造成接触面氧化严重，甚至烧熔（见图0-7），行业中此前尚无带电更换的先例。国网福州供电公司带电作业"特种兵"在多年的经验积累下，研究出了新型作业法和配套工具。在线路不停电、不降负荷、不改变导线弧垂的情况下，带电更换压缩型耐张线夹，实现了带电作业技术的创新和突破，有效拓展了带电作业的应用范围。输电线路压缩型耐张线夹带电更换如图0-8所示。

图 0-7　压缩型耐张线夹损坏

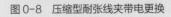

图 0-8　压缩型耐张线夹带电更换

17

## 创新小案例（三）
### 地电位快装防风偏合成绝缘子导线夹具

输变电设备引流线经常会因大风引起飘摆，造成引流线对设备本体放电，需要将线路停电后对引流线加装固定支柱，但是沿海地区经常受到线路停电计划的限制，无法赶在台风季节来临前完成施工改造。地电位快装防风偏合成绝缘子导线夹具可以在输变电设备带电的情况下对引流线加装防风偏支柱绝缘子，不仅无须设备停电，而且机动性强，响应速度快。地电位快装防风偏合成绝缘子导线夹具如图 0-9 所示。

图 0-9　地电位快装防风偏合成绝缘子导线夹具

### 3.复制经验，传承智慧——培养创新生力军

依托创新工作室在传授创新经验和技巧的同时，实施人才培育工程，通过师带徒、老带新等模式，提升员工的操作技能与创新意识，不断输送技术人才，拓展工作室新内涵。团队创新模式如图0-10所示。

选：从"三库"优选

立：项目首提制

推：创新双轨制

跟：严格档案纪录

结：创新优先制

图0-10 团队创新模式

定期开展专题培训活动，通过创新工作论坛、多媒体课件教学等方式，带领青年员工开展技术创新，培养创新生力军。

现场讨论工器具改进方案

联合高校开展创新工作论坛

带领青年员工开展技术创新

创新小案例（四）
五代驱动理念，三大创新支撑——永葆创新活力

在长期的创新实践活动中，国网福州公司带电作业班逐渐建立完善了"五代驱动"创新理念，"五代驱动"包括使用一代、完善一代、研发一代、储备一代、探索一代，创新活动永不停步。"五代驱动"创新模型如图 0-11 所示。

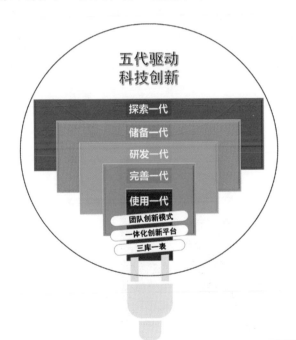

图 0-11　"五代驱动"创新模型

## 二、攻坚克难，创新驱动发展

随着电网的快速发展，各种型号设备并存，多种作业环境不一，很多时候专业工器具和传统作业方法跟不上设备更新换代的步伐，根据工作需要研制得心应手的工器具和创新带电作业方法在带电作业实践中尤为重要。技术创新框架如图 0-12 所示。

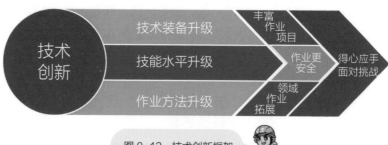

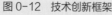

图 0-12 技术创新框架

轴传动出线飞车创新

### 1. 创新研发，推动技术装备、作业方法和技能水平升级

（1）技术装备升级。为应对战场变化，带电作业"特种兵"必须不断研发匹配现场条件的新式作业工具，升级技术装备。

（2）作业方法升级。走老路不会取得新的成就，带电作业"特种兵"需要具有敏锐的洞察力，专研作战技法，升级技术装备的同时推动作业方法升级换代。

创新研发发热处理作业方法

新研制的智能检修设备模拟实验

（3）技能水平升级。通过创新活动，在解决生产问题的同时也在不断提升带电作业"特种兵"自身专业技能。

技能比武屡获佳绩

## 2. 提升安全作业水平，拓展作业领域

在确保人身、设备安全获得更大保障的基础上，通过创新活动丰富作业项目、拓展作业领域。

创新小案例（一）
绳索化工具研发应用

　　绳索化地面提升法创造性地采用了地面提线的设置方案，将塔上地电位电工的大量操作转移到了地面，不仅减少了工器具搬运的人力支出，还减轻了高空作业量，同时绳索化地面提升法还通用于所有结构的杆塔横担，解决了以往一种塔型需要配一套工具的难题，具有操作简单方便、通用性强等特点。绳索化地面提升法应用如图0-13所示。

图0-13　绳索化地面提升法应用

## 创新小案例（二）
## 无人机带电水冲洗作业

针对传统的人工带电水冲洗和载人直升机水冲洗的安全性、通用性及便捷性问题，结合无人机高机动性、空中作业范围大的特点，研究出基于无人机平台实现远距离操作的带电水冲洗的装置及作业法，避免了人身与带电体近距离接近，完成了作业方法和形式上的创新。无人机高压水冲洗现场应用如图0-14所示。

图0-14 无人机高压水冲洗现场应用

创新小案例（三）
"三跨安全卫士"创新应用

电力线路跨越高速铁路、高速公路和重要输电通道，如果发生耐张线夹断裂事故，将造成动车停运、交通阻滞、设备损坏、人员伤亡等安全事故。针对此前同类产品存在需要停电安装、改变线路原有金具连接、占用联板检修孔等问题，研发了一套输电线路耐张导线压接管新型防护金具（形象命名为"三跨安全卫士"），攻克了同类产品无法带电安装、无法单人作业、无法重复使用、断线缓冲力大等难题。"三跨安全卫士"现场应用如图 0-15 所示。

图 0-15 "三跨安全卫士"现场应用

创新小案例(四)
升降式变电带电作业绝缘平台

升降式变电带电作业绝缘平台可拆卸便于运输携带,在现场可快速方便地组装成绝缘平台,组装后能方便地进行水平移动进行多点作业,可垂直升降调节高度。本次创新解决了以往瓷柱较短、组合间隙不足的隔离开关等电气设备无法开展带电作业的难题,大大拓宽了作业范围。升降式变电带电作业绝缘平台现场应用如图0-16所示。

图0-16 升降式变电带电作业绝缘平台现场应用

# 第三章
## 严阵以待——战前准备工作到位

为取得胜利，军队在战斗之前会做充足的准备工作，包括战场侦察、作战方案策划、作战审批、资源准备、战斗动员等。

充分的准备是战场取胜的关键，同样也是输电线路带电作业关键的一环。在作业项目开始实施之前需要进行现场勘查、查阅技术资料、了解天气、制定施工方案、办理工作票以及人员、工器具和材料的准备，并召集班组成员进行学习。带电作业准备流程如图 0-17 所示。

| 现场勘察 查阅资料 了解天气 | 制定施工方案 | 办理工作票 | 人员准备 工具准备 材料准备 | 组织学习 |
|---|---|---|---|---|

一步：战场侦察　第二步：作战方案策划　第三步：作战审批　第四步：资源准备　第五步：战斗动员

图 0-17　带电作业准备流程

## 第一节　敌情侦查

《草船借箭》的故事我们都耳熟能详，诸葛亮的成功是源于他对战场环境、气象变化和敌我双方情况的全面准确把握。

草船借箭

如图 0-18 所示，输电线路带电作业同样要求我们能够准确把握作业现场环境、线路设备技术条件和天气变化情况，从而为安全高效开展带电作业创造最有利的基础。

作业现场环境

一切尽在掌握中　设备技术条件

天气变化情况

图 0-18　带电作业前提要求

## 一、现场勘察

在必要时带电作业工作票签发人或工作负责人，应组织有经验的人员到现场勘察，根据勘察结果做出能否进行带电作业的判断，并确定作业方法和所需工具以及应采取的措施。现场勘察工作如图 0-19 所示。

图 0-19 现场勘察

现场勘察的主要内容应包括以下几项：

现场勘察应查看现场施工（检修）作业需要停电的范围、保留的带电部位和作业现场的条件、环境及其他危险点等。如：确定带电检修工作区域、工作区域内是否有影响安全的交叉跨越、工作区域内是否有影响作业的障碍物、对复杂的作业和新型式的杆塔应充分考虑作业时的组合间隙，必要时应现场测量、做好勘察记录、草拟现场示意图等。

## 二、查阅有关图纸资料

查阅有关图纸资料，主要有：作业设备各部件的基本参数（见图 0-20），历史缺陷和检修记录等。

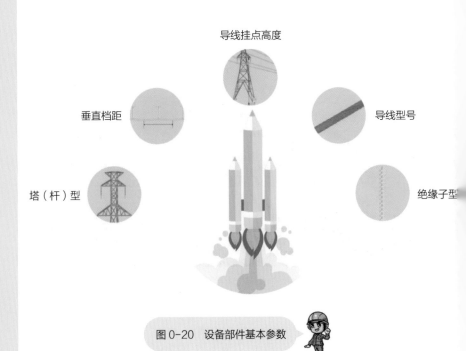

图 0-20 设备部件基本参数

- 了解有关导线资料，根据导线的荷载，确定使用工具的型号；

- 了解系统接线的运行方式，判断是否需要停用重合闸；

- ……

## 三、了解气象情况

事先了解作业地区气象预报，确认作业当日气象条件符合带电作业要求。

## 第二节　作战方案

依据前期现场勘查和技术资料等基础信息制定详细完善的作业方案，有针对性地编制作业安全质量控制卡，明确作业方法、人员组织和安全预控措施等内容，确保作业安全高效。带电作业方案讨论会如图 0-21 所示。

图 0-21　带电作业方案讨论会

## 第三节　作战审批

进入信息系统进行工作票的填写和签发，履行工作票管理程序（见图0-22和图0-23）。

图 0-22　办理工作票手续

图 0-23　编写安全质量控制卡

## 第四节　资源准备

- 我需要身体健康、能适应高空作业并且技能高超的带电作业"特种兵"和我一起出战！
- 我还要配备符合作业条件的先进作业装备！
- 我还要准备质量合格的材料做我的支撑！

### 一、人员准备

如图0-24所示，根据带电作业方案配备合适作业人员，输电线路带电作业一般人员组成包括工作负责人（监护人）1名、杆（塔）上电工若干名、地面电工若干名。

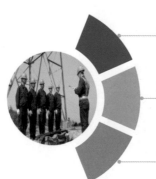

工作负责人（1名）

塔上电工（若干名）

地面电工（若干名）

图0-24　现场作业人员组织

## 二、工器具与材料准备

典型带电作业项目中一般会涉及绝缘工器具、金属工器具和个人防护装备，此外还有一些检测工器具和辅助工器具等。典型作业场景工器具如图 0-25 所示。

个人防护装备

金属工器具　　　　　绝缘工器具

图 0-25　典型作业场景工器具

### 1. 绝缘工器具

绝缘工器具主要包括硬质绝缘工器具和软质绝缘工器具两大类。硬质绝缘工器具包括绝缘操作杆、绝缘平梯、绝缘滑车、绝缘操作平台等；软质绝缘工器具包括绝缘传递绳、消弧绳等。绝缘工器具示例如图 0-26 所示。

绝缘操作杆

绝缘平梯

单轮绝缘滑车

绝缘传递绳

消弧绳

图 0-26　绝缘工器具示例

## 2. 金属工器具

　　输电带电作业过程中经常使用的金属工器具包括丝杆、垂直双吊钩、大刀卡具、软梯头、跟斗滑车、铝合金卡线器等，金属工器具示例如图 0-27 所示。

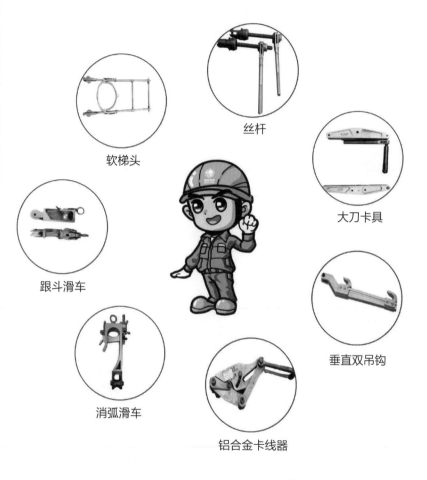

软梯头

丝杆

大刀卡具

跟斗滑车

消弧滑车

铝合金卡线器

垂直双吊钩

图0-27 金属工器具示例

### 3. 个人防护装备

个人防护装备根据作业场景的不同主要有屏蔽服（包含屏蔽鞋子、屏蔽手套、屏蔽袜子、阻燃内衣）、安全带、护目眼镜等。个人防护装备示例如图 0-28 所示。

安全帽

护目镜

安全带

后备保护绳

屏蔽服

图 0-28　个人防护装备示例

## 4. 辅助工器具

辅助开展带电作业的工具包括绝缘测试仪、风湿度仪、个人工具包、工具袋等。辅助工器具示例如图 0-29 所示。

风湿度仪

个人工具包

望远镜

绝缘测试仪

工具袋

图 0-29　辅助工器具示例

　　根据作业项目领取所用材料并选用合适的工具，其中承力工具要选择得当，不得过载使用，工器具清单示例如图0-30所示。

| 序号 | 名称 | 型号/规格 | 数量 | 单位 | 备注 |
|---|---|---|---|---|---|
| 1 | 1-1滑车组 | 30kN | 1 | 组 | 高强度 |
| 2 | 单轮绝缘滑车 | 5kN | 1 | 只 | |
| 3 | 绝缘绳套 | φ16mm | 1 | 条 | 滑车组用 |
| 4 | 绝缘绳套 | φ14mm | 1 | 条 | |
| 5 | 绝缘起吊绳 | φ16mm | 1 | 条 | 高强度 |
| 6 | 绝缘传递绳 | φ14mm | 1 | 条 | |
| 7 | 导线防脱落保护绳 | φ20mm | 1 | 条 | |
| 8 | 垂直双吊钩 | 30kN | 1 | 只 | |
| 9 | 绝缘测试仪 | ST2008 | 1 | 台 | |
| 10 | 直线取销器 | | 1 | 只 | |
| 11 | 地电位取销钳 | | 1 | 把 | |
| 12 | 碗头扶正器 | | 1 | 只 | |
| 13 | 绝缘操作杆 | 6m | 1 | 副 | |
| 14 | 张紧扣 | | 1 | 副 | |
| 15 | 链条葫芦 | 30kN | 2 | 副 | |
| 16 | 钢丝绳绳套 | φ20 | 2 | 根 | 配U形环 |
| 17 | 安全帽 | | 6 | 顶 | |
| 18 | 绝缘安全带 | | 2 | 条 | 配后备保护绳 |
| 19 | 个人工具 | | 4 | 套 | |
| 20 | 风湿度仪 | | 1 | 个 | |
| 21 | 防潮苫布 | 3m×3m | 2 | 块 | |

图0-30　工器具清单示例

## 第五节 战前动员

在带电作业"特种兵"在奔赴"战场"之前，须由工作负责人召集带电作业班项目相关作业人员学习作业指导书或作业卡，全面理解工作任务、作业方式、质量标准、危险点及安全措施。班组学习会如图0-31所示。

图0-31 班组学习会

## 创新小案例
### 国网福州供电公司带电作业班桌面模拟推演学习会

国网福州供电公司带电作业班创新学习会模式，采用工作现场模拟桌面推演方式，依托各种规章制度，以操作人员、工作负责人、工作班成员角色扮演形式，用语言和动作为手段表述自己所将要做的工作，强化员工参与，确保工作安全。桌面模拟推演学习会如图0-32所示。

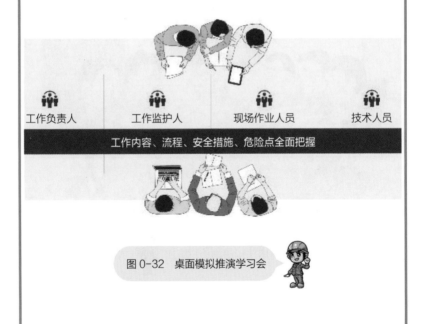

工作负责人　　工作监护人　　现场作业人员　　技术人员

工作内容、流程、安全措施、危险点全面把握

图0-32　桌面模拟推演学习会

# 第四章
## 事预则立——作业风险预控到位

带电作业是线路检修的一种特殊手段，既有高空作业，又有强电场的威胁。生产中诸多的危险因素，时刻在威胁着生产人员和电气设备的安全，它要求带电作业"特种兵"必须遵循严谨系统的风险预控管理流程（见图0-33），确保作业安全。

危险源辨识

风险评估

危险源控制与消除

风险预控流程

风险预控措施

监督考核

图 0-33 风险预控管理流程

本书后续章节将重点讲解五种带电作业项目：

01　带电更换 220kV 输电线路直线绝缘子串（地面提升法）

02　220kV 输电线路直线绝缘子带电单串改双串（地面提升法）

03　带电更换 220kV 输电线路直线绝缘子串金具（自平衡法）

04　110kV 输电线路耐张绝缘子带电单串改双串（滑车组法）

05　带电处理 110kV 输电线路导线节点发热（地电位法）

如图 0-34 所示，在开展这些带电作业项目时，通常会面临工器具失效、机械伤害、高处坠落、高电压风险、恶劣天气五种常见作业风险。

**高处坠落**

登高及移位过程中发生高处坠落，或作业过程中发生高处坠落。

**机械伤害**

作业过程中绝缘子断串、导线掉线或高处落物等。

**高电压风险**

工具绝缘失效、空气间隙击穿或绝缘子串闪络。

**工器具失效**

工器具失灵或工器具连接失效。

**恶劣天气**

气象条件不满足要求或天气突变。

图 0-34　五种常见作业风险

## 第一节　工器具失效风险预控

（1）工器具在使用前应进行外观检查，保证转动灵活、连接可靠，承力工器具均应经过定期机械试验并合格（见图0-35）。

带电作业过程可能会出现工器具失灵或工器具连接失效的风险，需要采取如下防范措施。

图0-35　工器具外观检查

（2）采用单组吊线工具更换绝缘子串和移动导线的作业时，应使用防止导线脱落的后备保护绳（见图0-36）。

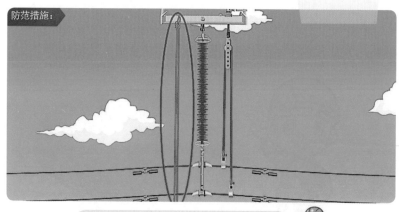

防范措施：

图0-36 导线防脱落后备保护绳安装示意图

（3）更换绝缘子串等脱开绝缘子连接的作业时，应大致估算绝缘子串的垂直荷载选择相应的吊线工具，更换大跨越绝缘子串应进行精确计算（见图0-37）。

防范措施：

应进行精确计算

图0-37 计算绝缘子串的垂直荷载选择吊线工具

## 第二节 机械伤害风险预控

带电作业过程可能会出现绝缘子断串、导线掉线或高处落物的风险，需要采取如下防范措施。

（1）在作业前对作业对象进行全面检查，防止缺陷造成危害。

例如：进行更换绝缘子串作业前，应先检查待更换绝缘子串完好情况，特别是连接部位金具是否存在锈蚀严重或雷击熔化现象（见图0-38）。

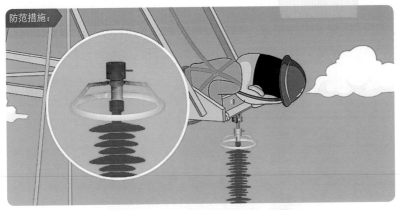

防范措施：

图0-38 待更换绝缘子串检查

例如：进行更换绝缘子串作业前，应先检查绝缘子串金具的完好情况，特别是线夹船体、挂板和螺栓是否锈蚀严重或有裂痕（见图0-39）。

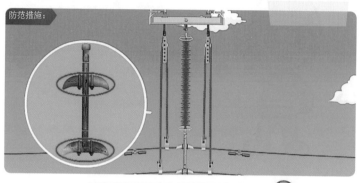

图0-39　待更换绝缘子串金具检查

（2）对新的材料进行全面检查，预防在施工过程中或者安装之后发生危害。

例如：如图0-40所示，对于新绝缘子，应检查两端部的压接及整体绝缘子伞裙情况，确认完好。如图0-41所示，对金具应检查其线夹船体、挂板、挂架和螺栓是否有松动、裂纹。

图0-40　新绝缘子串检查

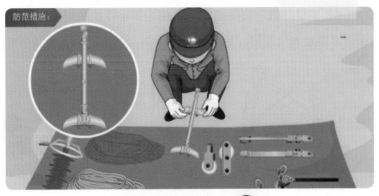

图 0-41　金具检查

（3）在作业前应将绳索、吊具的紧固和绑扎情况仔细检查，确认受力良好。

例如：如图 0-42 所示，进行更换绝缘子串作业前，应将吊线工具的导线钩双向钩好，检查确认受力良好，方可解除绝缘子串与悬垂线夹的连接。

图 0-42　受力情况检查

（4）工具材料应使用绝缘绳索传递，小件物品应装袋，作业点正下方禁止人员逗留，如图 0-43 所示。

图 0-43　作业点正下方禁止人员逗留

（5）传递绝缘子串等材料前，应检查各连接部位金具是否完好，如图 0-44 所示。传递吊线工具时，应将各部位连接螺栓拧紧并检查连接情况，如图 0-45 所示。

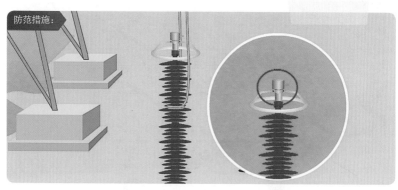

图 0-44　连接部位金具检查

防范措施：

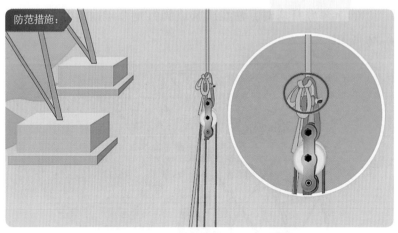

图0-45 捆扎连接情况检查

## 第三节 高处坠落风险预控

登高、移位过程中可能出现高处坠落的风险，需要采取如下防范措施。

（1）攀登杆塔时，注意爬梯或脚钉是否牢固、可靠，如图 0-46 所示。

图 0-46　杆塔脚钉检查

（2）杆上转移作业位置时，不得失去安全带保护，如图 0-47 所示。

防范措施：

图 0-47　安全带保护

（3）安全带应系在牢固的构件上，检查扣环是否扣牢，如图 0-48 所示。安全带、后备保护绳应分别系挂在不同的牢固构件上，如图 0-49 所示。

防范措施：

图 0-48 检查扣环是否扣牢

防范措施：

图 0-49 安全带、后备保护绳系挂在不同的牢固构件上

（4）采用绝缘平梯作业时，应安装牢固，平梯前端应钩挂牢固，确保不发生滑移，后端应与杆塔构件绑扎牢固，如图 0-50 所示。

图 0-50　绝缘平梯捆绑牢固

（5）等电位电工沿绝缘平梯进入电场过程，应系好防坠落保护绳，如图 0-51 所示。应控制好防坠落保护绳的长短松弛，确保保护绳有效发挥作用。

防范措施：

图 0-51　防坠落保护绳系挂

## 第四节 高电压风险预控

带电作业过程可能会出现工具绝缘失效、空气间隙击穿或绝缘子串闪络的风险，需要采取如下防范措施。

（1）绝缘工具应定期试验合格，如图 0-52 所示。运输过程中，应妥善保管，避免受潮如图 0-53 所示。

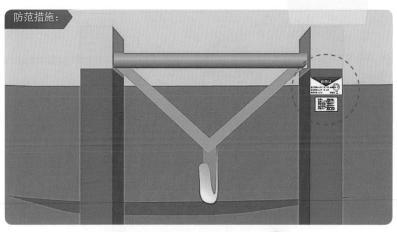

**防范措施：**

图 0-52 绝缘工具试验合格

图 0-53 妥善运输保管

（2）使用绝缘工具时，操作人员应戴防汗手套，如图 0-54 所示。

图 0-54 操作人员戴防汗手套

（3）作业过程中，绝缘绳、绝缘平梯的有效绝缘长度满足要求（如 220kV 应保持 1.8m 及以上），如图 0-55 所示。绝缘操作杆的有效绝缘长度应满足要求（如 220kV 应保持 2.1m 及以上）

图 0-55　绝缘平梯的有效绝缘长度

（4）现场使用绝缘工具前，应用绝缘测试仪器检查其绝缘阻值不小于 700MΩ，如图 0-56 所示。

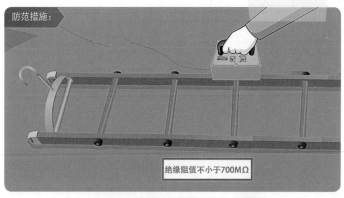

图 0-56　绝缘平梯绝缘检测

（5）沿绝缘工具进入电场前，应确认组合间隙满足要求；对于无法确认的，应现场实测后确认后，方可进行作业，组合间隙要求如图 0-57 所示。

图 0-57 组合间隙要求

（6）作业现场必须保证专人监护，监护人在作业人员进入横担靠近带电体之前，应事先提醒；等电位电工进入电场前，应报告。现场专人监护如图 0-58 所示。

图 0-58 现场专人监护

（7）更换悬垂绝缘子串作业过程中，地面作业人员收紧吊线滑车组时，应缓慢收紧承力绳索，不得突然快速提升导线，以防造成安全距离不足，如图0-59和图0-60所示。

图0-59 不得突然快速提升导线

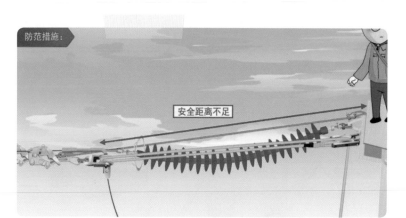

图0-60 安全距离不足

（8）更换绝缘子串过程中，须在绝缘子串与导线脱离电位后，地电位人员方可用手操作绝缘子串；直接用手操作绝缘子时，应控制手臂下伸长度，如图 0-61 所示。

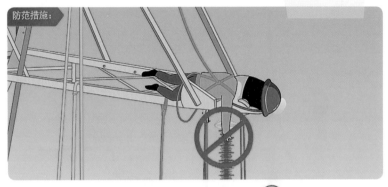

图 0-61 控制手臂下伸长度

（9）杆上作业人员宜穿导电鞋，如图 0-62 所示；等电位电工应穿着全套合格屏蔽服；作业前，应检查屏蔽服各部位连接导通情况。

图 0-62 作业人员需穿导电鞋

## 第五节 恶劣天气风险预控

带电作业过程可能会出现气象条件不满足要求或天气突变的风险，需要采取如下防范措施。

（1）带电作业应在良好的天气下进行，雷、雨、雪、雾天不得进行带电作业，如图0-63所示；风力大于5级或相对湿度大于80%时，一般不宜进行带电作业，如图0-64所示。

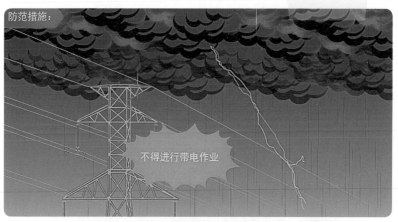

防范措施：

不得进行带电作业

图0-63　雷、雨、雪、雾天不得进行带电作业

防范措施：

不宜进行带电作业

图 0-64　风力大于 5 级不宜进行带电作业

（2）作业前，应事先了解天气情况，在作业现场工作负责人应时刻注意天气变化，特别是夏季的雷雨；作业过程中，发生天气突变时，应在保证人员安全的前提下，拆除工具，尽快撤离现场，如图 0-65 和图 0-66 所示。

防范措施：

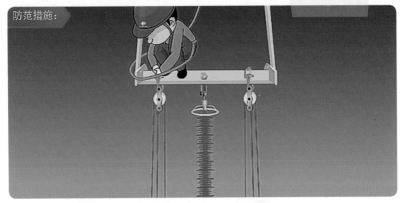

图 0-65　拆除工具

图 0-66　撤离现场

## 第五章
## 精准高效——作业规范执行到位

通常情况下，特种兵所承担的任务危险系数高、难度大，保存自己才能战胜敌人，所以更需要特殊的管理手段。

带电作业"特种兵"同样需要严格的管理措施。输电线路带电作业标准化的主要原则就是确保安全风险可控、能控、在控，必须要严格按照组织措施、技术措施、安全措施的规定和标准控制作业过程中的关键流程以及危险点，及时地消除施工人员操作的随意性、盲目性，从根本上保障输电线路作业的质量和安全（见图 0-67）。

图 0-67　风险管理措施

## 第一节 规范化流程管控

为确保带电作业的安全性，不但在作业的环节中要求细致严谨，在整个组织流程上要严密，并且在管理上也要形成闭环结构。

带电作业队伍进入现场后应遵循以下流程，并严格按照管控标准开展作业。带电作业管控流程如图 0-68 所示。

履行许可手续　　现场开工准备　　现场作业过程　　工作终结　　资料整理归档

| 核对杆塔编号、位置 | 施工验收 |
| 现场气象条件判定 | 工器具、材料整理 |
| 召开班前会 | 召开班后会 |
| 设备及工器具现场检查 | 履行终结手续 |
| 穿戴、检查防护装备 | |

图 0-68　带电作业管控流程

## 第二节 标准化现场管控

带电作业"特种兵"在开展带电作业过程中必须严格遵守输电线路带电作业规程，严格服从工作负责人、工作监护人的现场指挥，不得盲目行动。

## 1. 履行开工许可

工作负责人联系调度值班员，履行许可手续（见图 6-69）。

图 0-69 联系调度值班员

## 2. 核对杆塔编号

开工前，工作负责人核对工作票中线路名称及杆塔号是否与工作票一致（见图 0-70）。

图 0-70 核对杆塔编号

### 3. 查看气象条件

工作负责人查看现场气象条件,确定是否合适作业(见图 0-71)。

图 0-71 查看气象条件

### 4. 召开现场班前会

工作负责人组织全体工作人员现场列队,宣读工作票、交代工作内容、告知危险点及现场安全措施,进行人员分工和技术交底,并履行确认手续(见图 0-72)。

图 0-72 召开班前会

## 5. 杆塔外观检查

进行杆塔外观检查，确认塔身、基础、脚钉外观无异常（见图 0-73）。经过交叉跨越检查，确认没有影响作业安全的交叉跨越线路（见图 0-74）。

图 0-73 杆塔外观检查

图 0-74 交叉跨越检查

## 6. 工具摆放与检查

作业现场铺设防水苫布，然后将工具摆放整齐（见图 0-75），并对工器具外观与性能进行检查（例如绝缘操作杆检测如图 0-76 所示）。

图 0-75 摆放工具

图 0-76 绝缘操作杆检测

### 7. 材料检查

检查材料外观是否完好以及是否存在缺陷（例如绝缘子串外观检查如图 0-77 所示）。

图 0-77　绝缘子串外观检查

### 8. 穿戴个人防护装备并进行检查

在进行等电位作业时，等电位电工穿好屏蔽服，检查屏蔽服各部位间连接是否可靠（见图 0-78），并用万用表检测全套屏蔽服间的导通情况（见图 0-79）。

图 0-78　检查屏蔽服穿戴情况

图 0-79　检测屏蔽服导通情况

## 9. 冲击试验

塔上电工分别对安全带及后备保护绳进行冲击试验（见图 0-80 和图 0-81）。

图 0-80　安全带冲击试验

图 0-81 后备保护绳冲击试验

### 10. 绑好安全带及后备保护绳

塔上电工登塔作业过程中应始终处于受保护状态（见图 0-82）。

图 0-82 登塔作业时应系好安全带

## 11. 专职监护人全程监护

工作负责人（监护人）必须始终在工作现场行使监护职责，对作业人员的安全认真监护，及时纠正不安全的动作，不得直接参加操作或兼任其他工作（见图0-83）。

图 0-83　监护人全程监护

## 12. 服从指挥，许可后方可进行操作

工作负责人按照标准化作业指导书或作业卡的操作步骤逐项指挥操作。作业人员每一步工作开始前应得到工作负责人的许可后，方可进行，如图 0-84 ~ 图 0-86 所示。

图 0-84 许可后登塔

图 0-85 许可后进入电场

图0-86 许可后电位转移

## 13. 下塔

工作负责人对作业质量进行检查，符合要求后下令拆除工具、人员下塔（见图0-87）。

图0-87 作业人员安全下塔

### 14. 竣工验收

作业结束后，工作负责人依据施工验收规范，对施工安装工艺、质量进行检查，并确认塔上无遗留物。地面电工整理工具、材料并摆放整齐（见图0-88）。

图0-88　工具、材料整理

### 15. 召开班后会

工作负责人召集全体工作班成员，召开班后会，如图0-89所示。班后会内容包括点名、塔上人员汇报、工作负责人点评。

图0-89　召开班后会

## 16.办理工作终结手续并录入系统

工作负责人与值班调度员联系，办理工作终结手续（见图 0-90）。完成工作票归档、缺陷处理记录等相关流程（见图 0-91）。

图 0-90　办理工作终结手续

图 0-91　资料归档

## 第三节 精准高效安全到位

在开展带电作业过程中,由于作业人员身处高电压、强磁场、高落差的危险环境中,作业人员的安全风险很大,因此对作业人员的操作技能和心理素质、作业工器具和装备以及作业方法科学性都有非常高的要求,需要制定系统的管理方法,以确保输电带电作业的作业人员的安全。

高空"独舞"

坚实后盾

严格遵循作业流程，确保人员到位、措施到位、监督到位、执行到位，真正实现安全风险在控、可控和能控，实现精准高效作业（见图0-92）。

图0-92　风险管控"四到位"

时刻关注安全

**创新小案例**
**带电作业"特种兵"特别的管理**

国网福州供电公司输电带电作业班历经多年发展，在带电作业"特种兵"的安全管理领域进行不断探索和实践，总结出来一套行之有效的管理方法，念好"人、物、法"三字经（见图0-93），实现了在安全保障基础上的不断创新。

### 01. 紧盯人

抓学习，安规一本通；

抓意识，距离一条线；

抓状态，安全一句话；

抓作业，流程一复述；

抓小事，一事一点评。

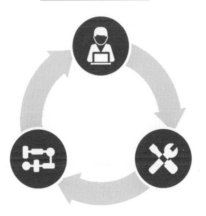

### 03. 紧盯法

一：严格标准制度法则；

二：严格操作配合心法；

三：严格质量管控办法。

### 02. 紧盯物

通过望、闻、问、切做到设备心中有数，利用一平台五到位，做到工具规范管理。

图0-93 "人、物、法"三字经